百年記憶兒童繪本

李東華｜主編

青紗帳　紅小花

趙菱｜文　　顏青｜繪

中華教育

高粱長出了嫩綠的小苗，日子卻不平靜。
年輕的男子都去當兵了，村子空蕩了許多。

「我看就數你們當『小鬼』的自在，不用打仗，每天到處轉悠！」蘭子笑着說。

「別把人看扁了！當個好通訊員可不容易！要勇敢、機警，還要有氣節！」小王說。

「就是，一切重要文件和情報，全靠通訊員傳遞呢！」小武說。

小王咬了一口蘭子給的窩窩頭，說：「真香！」

他一邊吃，一邊拿出了送給蘭子的禮物。

「哇，一隻小鴿子！」

「人連吃的都沒有，怎麼養活鴿子呢？」小武問。

「等把敵人趕走了，別說養一隻鴿子了，一萬隻也養得活！」小王說。

蘭子笑了：「等高粱熟了，鴿子就有吃的啦！」

這天，小王和小武跟着胡區長在村裏住下了。

天剛亮，屋外傳來了急促的槍聲。

蘭子慌忙起牀。

路上空蕩蕩的，一個人影一閃而過。

「有本事活捉我！」

是小武。緊跟在他身後的，是小王。

小王大喊：「有本事來抓我！」

蘭子急得直跺腳。
「你不想活了？快回屋去！」
爺爺一把把她拉回屋，自己悄悄出了門。

亂了好一會兒，村子裏終於安靜下來。
爺爺從外面回來，低着頭，眼睛紅紅的。
原來，為了引開敵人，兩個小通訊員犧牲了。
蘭子的眼淚簌簌地落到鴿子身上。

高粱長起來了。

蘭子走在一片高粱地裏，發現地上躺着一位傷員。
蘭子和鄉親們救下這位傷員，原來他是一位連長。

王連長的到來，讓蘭子和妹妹都覺得很新奇。
王連長給她們讀書，還教她們做遊戲。

他把兩隻手併在一起，牆上出現了飛翔的天鵝。
他換了個手勢，天鵝又變成了乖巧的小鹿。

王連長給她們講戰場上的故事。

原來，營長為了保護羣眾，打光了最後一發子彈，在戰鬥中犧牲了。

「敵人真可恨！我的兩個朋友也犧牲了。」蘭子眼中含淚，「我想上戰場打敵人！」

「你還小，現在在後方支援。等你長大後，也可以成為保衛這片土地的人。」王連長説。

蘭子把這話牢牢記在心裏。

蘭子把王連長的軍裝洗得乾乾淨淨，她想，自己以後也要穿上軍裝。

在蘭子的悉心照顧下，王連長的身體很快康復了。

這天，蘭子從田野裏回來，看到王連長在村口等她。

「我要轉移去山上了。這塊手帕送給你做紀念。」王連長從挎包裏掏出一塊摺得整整齊齊的舊手帕，「這是營長犧牲前留給我的，他讓我繼續戰鬥下去，直到勝利！」

王連長走了，他把那隻彈筒留了下來。

每天幹活回來，蘭子都會帶一朵紅色的太陽花，插在裏面。

蘭子來到田野裏，把鴿子放飛。

鴿子越飛越高，蘭子望着鴿子遠去的身影，想起小王和小武：「等我長大後，也要成為保衛這片土地的人！」

糧食豐收了。

蘭子成了婦救會的積極分子，挨家挨戶去宣傳抗糧鬥爭。

「大爺，咱們把糧食藏到敵人找不到的地方！」
「大娘，把糧食埋到樹底下，藏到地窖裏！」
「敵人逼着繳糧，萬不得已時，繳一點壞糧食，把好糧食及早埋藏起來！」
大爺誇：「蘭子頭腦真靈活！」
大娘讚：「蘭子做事真利索！」

　　風從高粱田裏吹過，
高粱抽出了柔嫩的穗子，
翻滾出碧綠的波浪。

　　「高粱長高了，敵人
來掃蕩也不怕了。」蘭子
笑着說，「我們的隊伍可
以藏到青紗帳裏！」

　　蘭子在陽光下，在田
野裏，一天天茁壯成長。

蘭子在婦女訓練班教大家認字。

中國共產黨

　　蘭子成了婦聯祕書，辦起冬學，教婦女們唱歌：「五月的鮮花，開遍了原野，鮮花掩蓋着志士的鮮血。為了挽救這垂危的民族，他們正頑強地抗戰不歇⋯⋯」

　　蘭子帶領婦女們做軍鞋，把兩百雙軍鞋整整齊齊地送到區上去。

時間一天天過去，高粱穗子變紅了。

石叔叔說：「蘭子，黨組織批准了你的入黨申請！」

蘭子的眼睛閃閃發光，她屏住呼吸，舉起拳頭，莊嚴宣誓：「我志願加入中國共產黨，作如下宣誓：一、終身為共產主義事業奮鬥；二、黨的利益高於一切……八、百折不撓永不叛黨。」

蘭子宣誓完，石叔叔緊緊握住她的手，說：「劉胡蘭同志，從今天起，你就是一名共產主義戰士了！」

蘭子心中湧起一股熱流，眼睛像星星一樣明亮。

金色的秋天過去，寒冷的冬天來臨了。

一個陰冷的日子，敵人突然包圍了村子，把人們趕到觀音廟前。

「你給共產黨做過甚麼工作？」

「甚麼都做過！」

「你為啥要參加共產黨？」
「因為共產黨為窮人辦事！」
「小小年紀嘴好硬！難道你就不怕死？」敵人惱羞成怒。
「怕死不當共產黨！」

蘭子深情地向鄉親們望了一眼。
她定了定神，堅定地走向了敵人的鍘刀。

毛主席得知劉胡蘭的事跡，親筆寫下：
生的偉大，死的光榮。

31

廣闊的大地上，太陽熱烈地照着，風呼呼地吹着，高粱穗子紅透了，田野裏翻起一層層火焰般的波浪。

一朵朵火紅的太陽花，燦爛地盛開了。

◎ 責任編輯　楊紫東
◎ 裝幀設計　鄧佩儀
◎ 排　版　鄧佩儀
◎ 印　務　劉漢舉

百年記憶兒童繪本

青紗帳 紅小花

李東華｜主編　趙菱｜文　顏青｜繪

出版｜中華教育

香港北角英皇道 499 號北角工業大廈 1 樓 B 室

電話：(852) 2137 2338 傳真：(852) 2713 8202

電子郵件：info@chunghwabook.com.hk

網址：http://www.chunghwabook.com.hk

發行｜香港聯合書刊物流有限公司

香港新界荃灣德士古道 220-248 號荃灣工業中心 16 樓

電話：(852) 2150 2100　傳真：(852) 2407 3062

電子郵件：info@suplogistics.com.hk

印刷｜迦南印刷有限公司

香港葵涌大連排道 172-180 號金龍工業中心第三期 14 樓 H 室

版次｜2023 年 4 月第 1 版第 1 次印刷

©2023 中華教育

規格｜12 開（230mm x 230mm）

ISBN｜978-988-8809-63-9